T/CAGHP 077—2020

目　次

前言 ··· Ⅲ
引言 ··· Ⅴ
1 范围 ··· 1
2 规范性引用文件 ·· 1
3 术语和定义 ··· 2
4 总则 ··· 3
5 岩溶塌陷防治工程等级 ··· 4
　5.1 防治工程等级划分 ·· 4
　5.2 危害对象重要性等级划分 ··· 4
　5.3 成灾后可能造成的损失大小等级划分 ·· 5
6 岩溶塌陷防治工程设计 ··· 5
　6.1 填充法 ··· 5
　6.2 注浆法 ··· 7
　6.3 跨越法 ··· 8
　6.4 桩基穿越法 ··· 9
　6.5 治水法 ··· 10
　6.6 其他方法 ·· 12
7 防治工程监测 ·· 13
　7.1 监测阶段、对象、内容及方法 ··· 13
　7.2 监测频率与时长 ··· 13
　7.3 监测系统建设 ·· 13
8 施工组织 ·· 14
　8.1 一般规定 ·· 14
　8.2 施工组织设计 ·· 14
附录 A（资料性附录） 泡沫轻质水泥土的性能和配比 ·································· 15
附录 B（资料性附录） 岩溶塌陷监测表 ·· 17
附录 C（资料性附录） 岩溶塌陷监测墩设计图 ··· 18

Ⅰ

前言

本规范按照 GB/T 1.1—2009《标准化工作导则 第1部分：标准的结构和编写》给出的规则起草。

本规范附录 A、B、C 为资料性附录。

本规范由中国地质灾害防治工程行业协会提出和归口管理。

本规范起草单位：贵州省地质环境监测院、中国电建集团贵阳勘测设计研究院有限公司、贵州大学、江苏南京地质工程勘察院、深圳市工勘岩土集团有限公司、深圳市地质局、贵州地环工程有限公司、深圳地质建设工程公司、中国建筑材料工业地质勘查中心广东总队。

本规范主要起草人：罗炳佳、吕刚、肖万春、丁坚平、谈金忠、王贤能、金亚兵、陆治斌、张大权、罗伟、杨荣康、郭维祥、王中美、褚学伟、徐成华、顾问、王小湖、程磊、代仲海、卢薇艳、罗建琛、陈永桂、李建国。

本规范由中国地质灾害防治工程行业协会负责解释。

引 言

根据国土资源部公告 2013 年第 12 号和中国地质灾害防治工程行业协会中地灾防协函〔2013〕23 号及《地质灾害防治行业标准规范编制组织实施方案》(2013 年 11 月)的要求,本规范编制组经广泛调查研究,认真总结岩溶塌陷防治工程设计经验,参考国家现行有关标准,并在全国范围广泛征求有关单位和专家意见的基础上,起草了本规范。

本规范规定了岩溶塌陷防治设计基本要求,并对填充法、注浆法、跨越法、桩基穿越法、治水法等技术方法的设计和工程监测提出了要求。

岩溶塌陷防治工程设计规范(试行)

1 范围

本规范规定了岩溶塌陷防治工程设计基本要求、防治措施、工程监测等内容。

本规范适用于岩溶塌陷防治工程设计。建筑工程、市政工程、桥梁和道路工程的岩溶塌陷防治工程设计可参照使用。

2 规范性引用文件

下列文件中的条款通过本规范的引用而成为本规范的条款。凡是注日期的引用文件,仅所注日期的版本适用于本规范。凡是不注日期的引用文件,其最新版本(包括所有的修改单)适用于本规范。

GB 50007　建筑地基基础设计规范
GB 50010　混凝土结构设计规范
GB 50021　岩土工程勘察规范
GB 50330　建筑边坡工程技术规范
GB/T 50783　复合地基技术规范
GB/T 50123　土工试验方法标准
DL/T 5148　水工建筑物水泥灌浆施工技术规范
JGJ/T 111　建筑与市政工程地下水控制技术规范
CJJ 37　城市道路工程设计规范
JGJ 79　建筑地基处理技术规范
JGJ 94　建筑桩基技术规范
JGJ 106　建筑桩基检测技术规范
JGJ 120　建筑基坑支护技术规程
JGJ 123　既有建筑地基基础加固技术规范
TB 10001　铁路路基设计规范
TB 10106　铁路工程地基处理技术规程
SDJ 341　溢洪道设计规范
SL 18　渠道防渗工程设计技术规范
CECS 249　现浇泡沫轻质土技术规程
T/CAGHP 001　地质灾害分类分级标准(试行)
T/CAGHP 002　地质灾害防治基本术语(试行)
T/CAGHP 012　采空塌陷防治工程设计规范(试行)
T/CAGHP 014　地质灾害地表变形监测技术规程(试行)
T/CAGHP 035　地质灾害排水治理工程设计规范(试行)

T/CAGHP 046 地质灾害地下变形监测技术规程(试行)

T/CAGHP 076 岩溶地面塌陷防治工程勘查规范(试行)

3 术语和定义

下列术语和定义适用于本规范。

3.1
岩溶 karst

水对可溶性岩石进行以化学溶蚀作用为特征的综合地质作用,以及由此所产生的地貌现象,又称"喀斯特"。

3.2
岩溶塌陷 karst collapse

岩溶洞隙上的岩、土体在自然或人为因素作用下发生变形破坏,并形成塌陷坑(洞)的一种岩溶地质作用和现象。

3.3
溶洞 karst cave

地下水溶解侵蚀石灰岩层所形成的洞穴。

3.4
土洞 soil cave

发育在可溶岩上覆土层中的空洞。

3.5
塌陷坑 sinkhole

地面塌陷形成的凹陷、坑洞。

3.6
填充法 clearance and filling

指用于先清除土洞、溶洞或塌陷坑中的松散充填物土,再填入块石或碎石作反滤层,然后上覆黏性土夯实的治理方法。

3.7
注浆法 grouting

指把注浆材料通过钻孔或岩溶洞口注入被加固体中的方法。

3.8
跨越法 array spanning

指采用梁、板等结构物跨越,两端支承在稳定、可靠的岩、土体上的防治方法。

3.9
桩基穿越法 Pile foundation crossing

指采用桩基穿越处理土洞、溶洞或塌陷的防治方法。

3.10
治水法 water treatment

指对影响岩溶塌陷的地表水、地下水动力条件进行人工改变,进而达到防治塌陷产生的防治方法。

3.11
截水沟 intercepting ditch

为拦截山坡上部流向防治对象的水流,在防治对象上部设置的截水设施。

3.12
排水沟 drainage ditch

地表排水系统,用于排泄由降水、地表水等转化的坡面水流或由截水沟所排出的水流。

3.13
充填 filling

用黏土、砂、石等材料充填裂缝、采空区或岩溶孔洞,形成充填体,以阻止地表水入渗、防止或减缓地面塌陷和变形的工程措施。

3.14
注浆 grouting

利用灌浆泵或浆液自重,通过钻孔、埋管等方法,将某些能固化的浆液注入岩土体的裂缝或孔隙中,通过置换、充填、挤压等方式以改良岩土物理力学性质的工程措施。

3.15
固结注浆 consolidation grouting

为改善节理裂隙发育或松散岩土体物理力学性能而进行的注浆工程。可提高岩体的整体性与均质性、岩体的抗压强度与弹性模量,减少岩体的变形与不均匀沉陷。

3.16
充填注浆 filling grouting

利用浆体的自重,将泥浆或者水泥黏土浆注入土体,充填土体内的孔隙、洞穴和裂缝,达到加固地基和防渗作用。为了提高注浆效率和效果,也可以在注浆孔口施加一定的泵压力。

4 总则

4.1 岩溶塌陷防治应充分考虑避让和工程治理相结合的原则。

4.2 防治工程设计使用年限不应低于所保护的或受其影响的建(构)筑物的设计使用年限。防治设计工作应贯穿防治工程的全过程,从接受任务起至工程竣工止。

4.3 防治工程设计应以各阶段专门的勘查报告和监测资料为依据。

4.4 溶塌陷防治工程设计应在室内和野外工作的基础上,结合类似工程的经验方法,合理地选取设计方法。

4.5 应定性和定量分析相结合进行设计。应在详细勘查资料的基础上,运用成熟的理论和行之有效的新技术和新方法进行充分论证,并宜提出多方案进行比较。

4.6 应注意与当地社会、经济和环境发展相适应,与市政规划、环境保护、土地管理和开发相结合。

4.7 岩溶塌陷防治工程应进行动态设计、信息化施工。

4.8 岩溶塌陷防治工程宜按三阶段设计,即可行性方案设计、初步设计和施工图设计。

4.9 可行性方案设计阶段应根据防治目标,对多种设计方案进行全面的技术与经济论证,提出优化的推荐设计方案,进行工程估算。

4.10 初步设计应在审定的可行性推荐方案的基础上,进一步确定设计参数与边界,针对实现目标的可行性、工程的实现步骤和有关工程参数,进行工程投资概算。

4.11 施工图设计应在审定的初步设计的基础上,对工程措施进一步具体化,包括工程措施的具体结构、工程图件,并进行工程投资预算。

4.12 根据防治工程的等级,二、三级可将可行性方案设计与初步设计合并,满足初步设计要求。

4.13 设计图表一般包括平面图、剖面图、结构详图、工程项目一览表、计算成果表、材料统计表以及估、概、预算表等。

4.14 设计说明书应包括下列内容:①工程的目的及任务来源;②设计依据;③设计的基础资料和基础数据;④防治工程设计标准;⑤设计方案;⑥计算;⑦施工注意事项;⑧检验与监测;⑨估、概、预算;⑩工程效益分析。

5 岩溶塌陷防治工程等级

5.1 防治工程等级划分

岩溶塌陷防治工程等级应根据岩溶塌陷危害对象的重要性和成灾后可能造成的损失大小按表1进行划分。

表1 岩溶塌陷防治工程等级划分

防治工程等级		危害对象的重要性		
		重要	较重要	一般
成灾后可能造成的损失大小	大	一级	一级	二级
	中	一级	二级	三级
	小	二级	三级	三级

5.2 危害对象重要性等级划分

岩溶塌陷危害对象重要性的划分应符合表2的规定。

表2 危害对象重要性等级划分

危害对象重要性		重要	较重要	一般
危害对象	人口	城市和集镇规划区	村庄规划与建设	居民点
	工程设施	园区、放射性设施、军事和防空设施、核电、油气管道、储油(气)库、机场、学校、医院、剧院、体育场馆大型水利工程、大型电力工程、大型港口码头、大型集中供水水源地、大型水处理厂、大型垃圾处理场	中型水利工程、中型电力工程、中型港口码头、中型集中供水水源地、中型水处理厂、中型垃圾处理场	小型水利工程、小型电力工程、小型港口码头、小型集中供水水源地、小型水处理厂、小型垃圾处理场
	交通道路	铁路、城市快速路、城市主干路、枢纽型独立互通立交、长度≥10 km二级(含)以上公路、单跨≥40 m或总长≥100 m的桥梁	城市次干路、独立互通立交、长度<10 km二级公路、三级(含)以下公路、单跨<40 m或总长<100 m的桥梁	城市支路
	矿山	大型矿山	中型矿山	小型矿山
	建筑	工业建筑(跨度>30 m)、民用建筑(高度>50 m)	工业建筑(跨度24 m~30 m)、民用建筑(高度24 m~50 m)	工业建筑(跨度≤24 m)、民用建筑(高度≤24 m)

5.3 成灾后可能造成的损失大小等级划分

岩溶塌陷成灾后可能造成的损失大小的划分应符合表3的规定。

表3 成灾后可能造成的损失大小等级划分

成灾后可能造成的损失大小	灾情	
	潜在经济损失/万元	威胁人数/人
大	≥5 000	≥500
中	500～5 000	100～500
小	≤500	≤100

6 岩溶塌陷防治工程设计

6.1 填充法

6.1.1 一般规定

6.1.1.1 填充法适用于已形成塌陷坑的岩溶塌陷防治。既可采用单一的填充法，也可和其他方法结合使用。

6.1.1.2 填充材料可采用黏性土、砂砾、碎石、混凝土、粉煤灰、石粉、岩屑等，亦可采用泡沫水泥轻质土或用以上材料加上添加剂配制的填充材料。

6.1.1.3 填充法的材料及施工必须符合环境保护要求。

6.1.1.4 填充法的设计参数和施工方法应通过室内和现场试验确定和验证。

6.1.2 填充法设计

6.1.2.1 填充灌注孔宜呈梅花形布设，孔间距应根据现场试验确定，且不宜大于20 m。填充孔的直径不应小于91 mm。当空洞较大时，可在填充材料中增加骨料，孔径应随之增大，且孔径不宜小于骨料最大粒径的8倍。

6.1.2.2 填充材料应符合表4的要求。

表4 填充材料要求

材料	要求
粉煤灰	符合国标三级质量标准
石粉、岩屑	最大粒径≤10 mm，有机物含量≤3%，浸出液无有害物质
黏性土	塑性指数≥10，含砂量≤3%
砂	粒径≤2.5 mm，有机物含量≤3%
碎石	混凝土骨料要求

6.1.2.3 填充材料可采用泡沫轻质水泥土，泡沫轻质水泥土的抗压强度应通过试验确定，且不应低于1.5 MPa，泡沫轻质水泥土中的发泡剂严禁采用动物蛋白类发泡剂，泡沫轻质水泥土的性能和配比应符合本规范附录A的规定。

6.1.2.4 填充材料的配比应通过试验确定。填充材料中黏性土、石粉、尾矿、粉煤灰的含量不宜大于50%，水泥含量不宜小于10%。

6.1.2.5 填充时，材料的水固比宜取1∶1.0～1∶1.6，并宜添加减水剂。

6.1.2.6 填充量按下式计算：

$$V_C = \eta k \xi r V_t + V_s \quad \cdots\cdots\cdots\cdots\cdots\cdots\cdots (1)$$

式中：
V_C——填充量，m³；
η——填充系数设计值；
k——填充浆液结石率，通过试验确定，%；
r——填充材料损耗系数，可取1.1～1.2；
ξ——空洞率、体积岩溶率或土洞率，%；
V_t——防治区总体积，m³；
V_s——防治区边界流失率，m³。其中：

$$V_s = q_b A_b \quad \cdots\cdots\cdots\cdots\cdots\cdots\cdots (2)$$

式中：
q_b——边界上单位面积流失量，由试验或经验，m³/m²；
A_b——边界面积，m²。

填充系数的设计值η不应小于0.8。

6.1.2.7 填充浆液的初、终凝时间及灌注压力由现场试验确定。填充灌注压力不应小于地下水压力，但不宜超过上覆岩土体压力，不应在填充时出现地表明显隆起。对浅部溶洞、土洞或其他需加固的情况，可采取预注浆处理。

6.1.2.8 为保证填充质量，可采用多次填充灌注和分层填充灌注，二次灌注的间隔时间应小于填充浆液初凝时间。

6.1.2.9 防治区边缘存在填充浆液流失条件时，宜在边缘外侧设置防填充浆液流失的帷幕。帷幕孔距为灌注孔距的1/3～1/2，且不宜大于10 m。防治区存在地下水时，帷幕孔部分或全部应采用透水的散体材料填充。

6.1.2.10 应先施工帷幕孔，帷幕成形后才能填充灌注。填充灌注的顺序应按设计的填充浆液扩散和地下水排出路径进行，一般沿地下水流动方向逐渐推进。当地下水流动缓慢、边界条件接近时，可由防治区中心向外围进行。

6.1.2.11 当地下水排泄条件差时，填充灌注有可能造成地下水压力明显升高，可以在防治区内设置减压孔。

6.1.2.12 填充体下部应设反滤层。反滤层由块石、碎石和砂砾组成。从下至上，粒径逐渐由粗到细设置。碎石层和砂砾层均不应小于15 cm，反滤层中可设透水土工布。

6.1.3 质量检验和检测

6.1.3.1 填充材料的每个批次均应进行检测，材料应满足表4和相关标准的要求。

6.1.3.2 填充材料应制作试样，每组3块。每100 m³填充材料的试样数量不应少于1组，单项工程不应少于3组。试块宜采用边长70.7 mm的立方体，在与填充后填充浆液结石体所处相似的环境中养护28 d，测定其立方体抗压强度。

6.1.3.3 填充效果应进行现场检测，检测宜在填充结束28 d后进行。检测应采用钻孔取芯、地球物理方法等综合手段。

6.1.3.4 检测钻孔孔位应布置在填充钻孔之间，孔数不应少于填充孔数的2%，且不应少于3个。

6.1.3.5 地球物理方法的检测线数量和间距不宜小于勘查中的勘探线数量和间距。地球物理方法检测宜采取防治前和防治后对比的方法进行。采用地球物理方法检测时应有钻孔验证。

6.2 注浆法

6.2.1 一般要求

6.2.1.1 注浆设计应在勘查的基础上进行，根据场区的岩溶水文地质条件、工程地质条件及环境地质条件，明确注浆目的。

6.2.1.2 施工前应进行现场注浆试验，注浆效果不能满足设计要求时，及时调整注浆设计参数。

6.2.1.3 按注浆作用，注浆分为固结注浆、充填注浆、渗控注浆等。溶洞、土洞处理可采用充填注浆；溶洞顶板破碎岩体、砂卵砾石处理可采用固结注浆；降低水力比降、控制渗流量和地下水位变幅可采用渗控注浆。

6.2.1.4 注浆范围应根据塌陷区岩溶水文地质条件与工程地质条件确定，平面范围应大于塌陷区或预测塌陷区影响范围，深度范围应消除塌陷隐患。

6.2.1.5 注浆浆液宜采用水泥浆，水泥强度等级可为32.5或以上，渗控注浆水泥细度要求通过80 μm方孔筛的筛余量不大于5%。根据需要可加入黏土、砂、水玻璃等掺和料和外加剂。

6.2.2 固结注浆设计

6.2.2.1 注浆孔布设宜采用方格形、梅花形和六角形。孔距、排距应根据现场注浆试验成果并参照工程经验确定。孔排距可采用2.0 m～5.0 m，排距宜小于或等于孔距。

6.2.2.2 注浆孔应按分序加密原则实施。同一区域内应先实施周边孔，其余孔分序实施，可分二序或三序。

6.2.2.3 注浆水灰比应根据试验结果确定，宜选用2∶1、1∶1、0.8∶1、0.5∶1四个比级。

6.2.2.4 注浆压力应根据地质条件和现场试验结果确定，可采用0.1 MPa～0.4 MPa。

6.2.2.5 各注浆段的注浆结束标准应根据地质条件和工程要求确定，宜在最大设计压力下，注入率不大于2 L/s，继续灌注30 min可结束注浆。

6.2.2.6 注浆效果指标应根据岩溶水文地质条件、工程特点及要求确定。处理后的岩土体物理力学特性应得到改善，并应满足工程要求。

6.2.3 充填注浆设计

6.2.3.1 注浆孔应根据溶洞或土洞的规模及分布、岩溶地下水情况等进行布设。宜分两序或三序孔布设，一序孔孔径不宜小于150 mm。

6.2.3.2 根据溶洞或土洞规模、岩溶地下水情况，利用一序孔向溶洞或土洞灌注流态混凝土，或先填入级配骨料，再注入水泥砂浆或水泥浆，或先膜袋注浆，再注入水泥浆。

6.2.3.3 二序或三序注浆孔的布设、注浆材料、注浆压力、注浆结束标准等可参照固结注浆执行。

6.2.4 渗控注浆设计

6.2.4.1 注浆孔布设宜采用单排、双排或三排，分序实施。孔距、排距应根据现场注浆试验成果并参照工程经验确定，砂砾石层注浆孔距可采用2.0 m～4.0 m，基岩注浆孔距可采用1.5 m～3.0 m，排距应小于孔距。

6.2.4.2 注浆水灰比应根据试验结果确定,宜选用3∶1、2∶1、1∶1、0.8∶1、0.5∶1五个比级。

6.2.4.3 注浆压力应根据地质条件和现场试验结果确定,可采用0.2 MPa～0.8 MPa。

6.2.4.4 各注浆段的注浆结束标准应根据地质条件和工程要求确定,宜在最大设计压力下,注入率不大于1 L/s,继续灌注30 min可结束注浆。

6.2.4.5 注浆效果指标应按注浆后岩土体的透水率控制,宜小于10 Lu,并应满足工程要求。

6.2.4.6 岩溶管道宜先充填级配砂石、混凝土或膜袋注浆充填,再进行渗控注浆。

6.2.5 质量检验和检测

6.2.5.1 固结注浆与充填注浆质量宜采用钻孔取芯、声波、动力触探等进行检测。检测孔的数量不宜少于注浆孔数的5%,且不应少于3个。检查孔的布置不仅要考虑均匀性,还应考虑地质条件差和注浆质量有疑问的部位。

6.2.5.2 渗控注浆质量应采用压水试验检测,检查孔数量不宜少于注浆孔数的10%,且不应少于6个。

6.3 跨越法

6.3.1 一般规定

6.3.1.1 跨越法适用于规模范围不大、浅埋的开口型溶(土)洞或塌陷坑的治理。

6.3.1.2 跨越法宜采用梁板式、平板式跨越。根据现场工程地质情况、上部荷载大小、结构体系、使用要求以及施工条件等因素确定采用梁板式结构或平板式结构,或组合使用。

6.3.1.3 采用跨越法在处理洞径较大(大于8 m)的溶(土)洞时,应在洞内增设临时竖向桩柱进行支撑。

6.3.1.4 采用跨越法治理后的岩溶塌陷区域内进行高层建筑或较大荷载工程建设时,应对原跨越结构进行充分论证。

6.3.1.5 防治工程有附加荷载时应符合现行国家标准《建筑地基基础设计规范》(GB 50007)及《混凝土结构设计规范》(GB 50010)之有关规定。

6.3.2 跨越法设计

6.3.2.1 跨越结构应有可靠的支承面。梁板式结构在稳定岩石上的支承长度应大于梁高的1.5倍,平板式结构在稳定岩石上的支承长度应大于板厚的1.2倍,且支承段岩土体的地基承载力应满足设计计算要求。

6.3.2.2 梁板式结构最小板厚度不宜小于400 mm,不应小于300 mm,且板厚与最大双向板格的短边净跨之比不小于1/14,基础梁的高跨比不宜小于1/6,平板式结构的最小板厚度不宜小于500 mm,不应小于300 mm。

6.3.2.3 梁板式结构底板按基底净反力计算配筋,受力钢筋直径不宜小于12 mm,间距不应小于150 mm,宜在150 mm～200 mm双向配筋,受力钢筋的配筋率不应小于0.15%,钢筋连接按受拉钢筋搭接连接,各网片尽端在支座的锚固不应小于受拉钢筋的锚固长度La,顶部双向钢筋应全部连通,底部纵横方向的支座钢筋尚应用1/3～1/2贯通全跨,且其配筋率不应小于0.15%。

6.3.2.4 平板式结构受力钢筋直径不宜小于12 mm,钢筋网不多于两层时直径不宜大于25 mm,间距不应小于150 mm,不宜大于250 mm,当筏板长度大于30 m或厚筏收缩温度应力较大时,钢筋间距不宜大于200 mm,且钢筋连接按受拉钢筋要求搭接头或机械连接。不应采用现场焊接,板中受拉钢筋的最小配筋率不应小于0.15%,采用双向钢筋网片,配置在板的顶面和底面。

6.3.2.5 跨越结构的混凝土强度等级不应低于C30。当溶(土)洞中有地下水活动,水头较高应采用防水混凝土时,防水混凝土的抗渗等级应根据地下水的最大水头的比值确定,且其抗渗等级不应小于0.6 MPa。

6.3.2.6 与地下河管道相连通的溶洞采用跨越法治理时,应在跨板区留设泄水、泄气孔,防止暴雨期间地下水位骤然上升引发的"气爆""顶托"等问题,孔顶应高于历史最高水位。

6.3.3 质量检验和检测

6.3.3.1 采用非破损、局部破损等方法对混凝土构件进行实体检测,检测项目包括混凝土强度、钢筋配置及保护层厚度。

6.3.3.2 混凝土强度检测可采用钻芯法或回弹法。单位工程抽检数量不应少于构件总数的10%,且不小于3个构件。

6.3.3.3 钢筋配置及保护层厚度检测可采用电磁感应法,必要时可采用剔凿法进行复核。

6.4 桩基穿越法

6.4.1 一般规定

6.4.1.1 桩基穿越法适用于深度较大的岩溶塌陷防治。

6.4.1.2 桩基础仅限于机械成孔和人工挖孔灌注桩。人工挖孔桩适用于穿越无地下水或水量不多以及孔壁不易坍塌的土层,且处理深度不宜超过20 m,桩径不应小于1 000 mm。

6.4.1.3 桩基础施工前应进行超前钻探,进一步调查核实岩溶塌陷的岩土层、溶(土)洞大小、洞内填充物等条件以及桩底下5 m深度范围岩体完整性,验证成孔方法的合理性。

6.4.1.4 当桩端以下5 m或3倍桩径深度范围内存在影响地基稳定的溶洞时,桩应穿越溶洞,置于下部稳定岩体上。

6.4.2 桩的承载力设计

6.4.2.1 按桩的承载力性状可分为摩擦桩、端承桩、嵌岩桩。持力层为硬质岩石时,宜采用端承桩;软质岩石或土质地基,宜采用摩擦端承桩。

6.4.2.2 桩和桩基的构造,应符合下列要求:
  a) 摩擦桩的中心距不宜小于3倍桩径,端承桩的中心距不宜小于2倍桩径,扩底桩不宜小于1.5倍扩底直径,扩底净距不宜小于1.0 m。
  b) 防治工程等级为一、二级时,桩端全断面嵌入持力层岩石的深度不应小于500 mm;防治工程等级为三级时不应小于200 mm。
  c) 桩端应力扩散范围存在软弱层、断裂带应验算岩石的下卧层承载力,存在临空面、陡坡、"鹰嘴"等应验算桩的稳定性。
  d) 桩底宜在同一标高上。对于端承桩,当相邻桩的桩底高差大于1倍桩的中心距时,应验算桩的稳定性,在岩溶或有软弱层分布地段,应查明桩底以下是否存在临空面、陡坡、"鹰嘴"以及其他不良地质等情况。群桩承台下的桩长相差过大时,还应考虑桩顶作用效应对桩的影响。
  e) 扩底桩的桩底直径不宜大于2倍桩径,在软质岩石或土层上的桩底面宜为弧形,矢高200 mm,硬质岩石上的桩底面可为平底。

6.4.2.3 桩身构造要求：

a) 受水平荷载和弯矩较大的桩的桩身配筋应经计算确定。
b) 桩身最小配筋率不宜小于0.2%～0.65%（小直径桩取大值）。
c) 受水平荷载和弯矩较大的桩，配筋长度应通过计算确定。
d) 端承桩应通长配筋。
e) 桩径大于600 mm的机械成孔灌注桩，构造钢筋的长度不宜小于桩长的2/3。
f) 桩身主筋混凝土保护层厚度不应小于50 mm，水下灌注时不应小于60 mm。

6.4.2.4 端承桩的竖向承载力特征值R_a应满足以下要求：

a) 当桩端嵌入完整及较完整的硬质岩中，按下式估算单桩竖向承载力特征值：

$$R_a = q_{pa} A_p$$

式中：

q_{pa}——桩端岩石承载力特征值，kPa；
A_p——桩底端横截面面积，m²。

b) 桩端岩石承载力特征值应根据岩石饱和单轴抗压强度标准值按公式确定。

6.4.2.5 摩擦端承桩的竖向承载力特征值、桩基承台抗冲切、抗剪切、抗弯承载力和上部结构的要求、桩的静载荷试验等可按现行《建筑地基基础设计规范》(GB 50007)和《建筑桩基技术规范》(JGJ 94)进行。

6.4.3 质量检验和检测

6.4.3.1 对混凝土灌注桩，应提供经确认的施工过程有关参数，包括原材料的力学性能检验报告、试件留置数量及制作养护方法、混凝土抗压强度试验报告、钢筋笼制作质量检查报告。施工完成后尚应进行桩顶标高、桩位偏差等检验。

6.4.3.2 人工挖孔桩终孔时，应进行桩端持力层检验。

6.4.3.3 桩身检测可采用钻芯法、低应变法、高应变法、声波透视法。当一种方法不能全面评价桩基完整性时，应采用两种或两种以上的检测方法，且应满足《建筑桩基检测技术规范》(JGJ 106)的有关规定。

6.5 治水法

6.5.1 一般要求

6.5.1.1 治水法适用于由于大气降水、地表水体入渗、冲蚀，矿山排水、工业废渣堆场废水等引发的岩溶塌陷。

6.5.1.2 大气降水、地表水体入渗引发的岩溶塌陷宜采用"截、排、疏、围、堵、改"的治理措施。

6.5.1.3 "截、排、疏"措施：对于以分散式入渗为主的降雨、地表水体，宜采用"截、排、疏"措施，截排水沟，清理疏通河道(沟道)，加速泄流，减少渗漏量。

6.5.1.4 "围、堵"措施：对于以集中式入渗为主的地表水体，宜采用"围、堵"措施，特别是地表水体直接通过落水洞、竖井、漏斗等方式直接注入地下的，可采用黏土、混凝土灌注填实。

6.5.1.5 "改"措施：对于渗漏量大，影响范围广，难于采用"疏、排、围、堵"等措施处理的，可采用"改"措施，河流(溪流)改道应进行充分论证。

6.5.1.6 因地下水位升降，岩溶空腔中的水压力产生变化，形成气爆(冲爆)或吸蚀，导致岩溶塌陷，可采取设置各种岩溶管道通气的装置，平衡其水、气压力，以消除其作用。

6.5.1.7 因抽排地下水位下降导致的岩溶塌陷,可采取停止抽排地下水或人工回灌等措施,并禁止在影响岩溶塌陷的水力半径范围内抽取地下水。

6.5.1.8 工业废渣堆场废水渗漏下渗引发的岩溶塌陷,应采取防渗防污处理。

6.5.2 治水法设计

6.5.2.1 截排水工程设计应在岩溶塌陷防治总体方案基础上,结合岩溶塌陷区影响范围、地表水水体和降雨条件及本区域生态环境,制定截排水方案。

6.5.2.2 截排水工程应合理布局,应与主体工程及自然环境相适应,注重各种排水设施的功能和相互之间的衔接,并与地界外排水系统和设施合理衔接,形成完整、通畅的排水系统。

6.5.2.3 截排水沟在平面上以地形而定,应有效拦截地表水并顺利排出为原则。一般应设置在塌陷区影响范围外 50 m～100 m。

6.5.2.4 排水工程断面一般采用梯形、矩形明沟排水,受地形地质条件限制时可采用复合结构,其排水沟断面或过流能力应根据设计流量来确定:

    a) 设计流量应选定某一降雨频率作为计算流量的标准,并将大于设计标准或在非常情况下使工程仍能发挥其原有作用的安全标准作为校核标准。结合岩溶塌陷防治工程等级,降雨频率设计标准应为 50 年、20 年、10 年一遇,校核标准应为 100 年、50 年、20 年一遇。设计频率地表水汇流量可按下式计算:

$$Q_p = 0.27 \varphi S_p F / \tau^n \quad\quad\quad\quad (3)$$

式中:

Q_p——设计频率地表水汇流量,m³/s;

S_p——设计降雨强度,mm/h;

τ——流域汇流时间,h;

φ——径流系数;

n——降雨强度衰减系数;

F——汇水面积,km²。

当缺乏必要的流域资料时,设计频率地表水汇流量可按下式确定:

当 $F \geq 3$ km² 时

$$Q_p = \varphi S_p F^{2/3} \quad\quad\quad\quad (4)$$

当 $F < 3$ km² 时

$$Q_p = \varphi S_p F \quad\quad\quad\quad (5)$$

式中:各量同(3)式。

    b) 排水沟过流量计算公式为:

$$Q_p = WC(Ri)^{1/2} \quad\quad\quad\quad (6)$$

式中:

Q——过流量,m³/s;

R——水力半径,m;

i——水力坡降;

W——过流断面面积,m²;

C——流速系数,m/s,宜采用 $C = R^{1/6}/n$ 计算,其中 n 为糙率。对刚性材料的排水沟,n 的取值,建议采用《溢洪道设计规范》(SDJ 341)、《渠道防渗工程设计技术规范》(SL 18)的推荐数值。

6.5.2.5 截、排水沟设计纵坡,应根据岩溶塌陷分布及发育特征、地形、地质等因素确定,纵坡不宜小于5‰,条件困难时亦不应小于3‰。

6.5.2.6 当自然纵坡大于1:20或局部高差较大时,应设置跌水或陡坡等消能防冲措施。

6.5.2.7 排水沟的安全超高,不宜小于0.4 m,最小不小于0.2 m,在弯曲段凹岸应考虑水位壅高的影响。

6.5.2.8 排水沟宜用浆砌片石或块石,地质条件较差如坡体松软段可用毛石混凝土或素混凝土,排水沟砌筑砂浆强度等级不宜小于M7.5,对坚硬块片石砌筑排水沟用比砌筑砂浆高一级强度等级砂浆进行勾缝,毛石混凝土或素混凝土强度等级宜大于C20。

6.5.2.9 截、排水沟沟底及边墙应设伸缩缝,缝间距10 m~15 m。

6.5.2.10 截、排水设施地基应密实稳定,必要时应采取有效措施防止地基变形引起的排水设施破坏;对于软土基底易发生地基沉降的地段,宜设置为钢筋混凝土沟。

6.5.2.11 平衡地下水、气压力的钻孔终孔孔径一般不宜小于110 mm,井管宜采用无缝钢管,直径不小于108 mm,并下入稳定基岩段,孔口应高于当地最高洪水位1 m且不小于2 m。

6.5.2.12 平衡地下水、气压力的井管末端通气口处应设置防堵塞保护措施,防止异物进入管道。

6.5.3 质量检验和检测

6.5.3.1 截、排水沟原材料、砂浆强度、混凝土强度、预制构件等按批次、批量进行抽检送检,应符合国家现行有关标准和设计要求。

6.5.3.2 截、排水沟断面尺寸规定值,允许偏差小于±30 mm,且每100 m测1处。

6.5.3.3 排水沟边必须平整、坚实、稳定,沟底应平顺整齐,排水畅通。

6.5.3.4 平衡地下水、气压力的钻孔和地面管道应无堵塞,非全套管的钻孔应进行无堵塞检测,检测合格后才能安装其余部分通气管道。

6.6 其他方法

6.6.1 其他方法包括复合地基法、水泥土搅拌法、高压喷射注浆法、强夯法以及多种方法结合处理。

6.6.2 复合地基法适用于位于岩溶塌陷区道路、堆场、场坪、建构筑物的地基处理。当岩溶上部覆盖层较薄时,经判定岩溶洞隙顶板在设计荷载作用下处于不稳定状态的地基,宜选用素混凝土桩、水泥粉煤灰碎石桩(即CFG桩)或预应力管桩等刚性桩复合地基。对溶洞或者土洞中软土较深地段,宜采用砂桩、碎石桩、混凝土桩打入洞内以形成复合地基。

6.6.3 水泥土搅拌法可用于塌陷体为淤泥、淤泥质土、素填土以及标贯击数不大于15击的黏性土、砂土等。水泥土搅拌法不宜在泥炭土和存在较强地下水渗流的砂土中使用。

6.6.4 高压喷射注浆法可用于塌陷体为淤泥、淤泥质土、流塑—可塑状黏性土、砂土、碎石土和填土等加固。当含有较多的大粒径块石、大量植物根茎或地下水流速较快的充填物,应根据现场试验和室内试验结果确定其适应性。

6.6.5 强夯法适用于地下水位以上的大面积浅层岩溶塌陷和土洞治理。采用强夯法处理的岩溶塌陷及土洞治理,应进行强夯试验,以确定其适用性及处理效果,确定合适的强夯设计参数和施工参数。

6.6.6 其他方法的设计可根据现行行业标准《建筑地基处理技术规范》(JGJ 79)和《复合地基技术规范》(GB/T 50783)的有关规定执行。

T/CAGHP 077—2020

7 防治工程监测

7.1 监测阶段、对象、内容及方法

7.1.1 岩溶塌陷监测阶段分勘查设计、施工中、竣工后3个阶段。

7.1.2 监测对象主要为塌陷区(坑)或塌陷隐患区(坑)、治理工程和地下水动力条件。塌陷区(坑)主要监测裂缝、地面下沉、变形、位移等情况;治理工程主要监测下错、位移、倾斜、变形、开裂等;地下水动力条件主要监测地下水(气)压力等。监测对象、内容详见附录B。

7.1.3 地下变形监测可采用地质雷达监测、光纤分布式传感技术监测和时域反射同轴电缆分布式传感技术监测等。

7.1.4 条件许可时应充分利用新技术、新方法开展监测工作,以节省投资、提高效率和精度。

7.2 监测频率与时长

7.2.1 监测频率根据变形变化速率、幅度及岩溶塌陷的稳定性、危险性确定。基本原则是:工程治理期间密,监测预警期间稀;丰水期密,枯水期稀;变形变化幅度大、速率快时密,趋于稳定时稀;勘查设计阶段常规,施工期密,竣工后由密至稀;应急抢险项目密,常规治理项目稀。

7.2.2 监测频率按以下要求掌握,并根据工作需要进行调整:稀疏指5天～10天1次;常规指2天～4天1次;加密指1天1次或1天2次～3次或更密。

7.2.3 监测时长是指从监测工作开始至结束的时间长度,按以下原则掌握和控制、调整:群测群防阶段从发现岩溶塌陷隐患开始至稳定销号或治理工程立项止;勘查设计阶段1个月～3个月;施工阶段3个月～12个月;竣工后监测自治理工程通过竣工验收之日起算1个水文年即12个月。

7.3 监测系统建设

7.3.1 监测系统包括监测剖面、监测点(桩)、监测墩、数据采集、传输与储存、数据处理与监测成果制作、预警预报等。

7.3.2 监测剖面的布置应与勘查、治理工程剖面相应。

7.3.3 监测点(桩)的布置除能满足监测和勘查、设计、施工需要外还应考虑地形、地物、通视等条件;每一种监测对象应布置3个～7个监测点,应尽量布置于变形变化较大部位;监测桩长一般0.5 m～1.5 m,以能被观测站(监测墩)可视为原则;监测桩采用Φ110无缝钢管中间浇筑水泥砂浆垂直地面安装,顶部粘贴反光片或安装多棱镜。

7.3.4 监测墩(测量仪器观测站)须布置于岩溶塌陷区外,以免遭受岩溶塌陷变形变化的影响导致监测数据偏差,还应能够观测到所有监测点(桩);监测墩设计制安见附录C;监测墩制安须稳固,不能发生位移、倾斜、开裂等现象,以保证监测数据的准确性;每一个治理工程(或项目)监测墩不少于3个,且能够相互通视与观测。

7.3.5 应编制监测工程平面布置图。

7.3.6 监测数据采集、传输与储存、数据处理与成果制作须及时、准确,为勘查、设计、施工提供服务,使其更加科学、安全、可靠。

7.3.7 监测工作结束后须编制并提交监测成果报告,包括文字及相关附图、附表等。文字内容:基本情况,地质环境条件,岩溶塌陷基本特征、成因及发展趋势,监测工作简述,监测成效等。

8 施工组织

8.1 一般规定

8.1.1 施工组织设计应在充分了解岩溶塌陷区实际环境条件和治理工程特性的基础上编制。

8.1.2 施工组织设计应在确保工程质量的前提下,积极采用先进工艺和新设备,以提高施工效率和保障安全。

8.1.3 施工组织设计的编制应与质量、安全施工、环境保护和职业健康等有效结合。

8.2 施工组织设计

8.2.1 施工组织设计应对岩溶塌陷防治总体工程及单体工程施工的重点和难点进行分析,具体结合施工进场交通、施工期间气候、施工原材料来源及运输、工程弃渣堆放场所、水电来源等施工资源和要素,提出科学合理的施工总体布置、工序安排和工期、施工工艺和方法等说明。

8.2.2 对施工采用的新结构、新材料、新工艺和新技术,应说明其工艺流程,并明确保证工程质量和安全的技术措施。

8.2.3 应合理确定岩溶塌陷防治工程施工的先后顺序、各工序的作业时间及各施工项目间的衔接关系,编制进度图表。

8.2.4 施工组织设计编制内容主要包括:编制依据、工程概况、施工总体部署、施工方法和设备选择、施工组织管理、施工进度计划、施工质量检测与安全保障措施、环境影响控制措施等。

8.2.5 施工组织设计应编制施工总平面布置图,包括全部拟建工程构筑物的位置与轮廓尺寸、施工进场和场内道路、料场和加工区、水源电源接入点、施工营地及办公生活用房等临时设施的位置和面积、施工现场必备的消防和环境保护等设施。图内附工区划分及工程特性表、临时建筑物特性表、工程占地特性表等辅助插表,施工主要要求的说明文字。

附 录 A
（资料性附录）
泡沫轻质水泥土的性能和配比

A.1 泡沫轻质水泥土的性能

泡沫轻质水泥土的性能应符合表 A.1 的要求。

表 A.1 发泡剂性能的要求

性能指标	要求	性能指标	要求
稀释倍率	40～60	发泡倍率	800～1 200
标准泡沫密度/(kg·m^{-3})	30～50	标准泡沫泌水率/%	≤25

A.2 泡沫轻质水泥土的配比应符合下列要求

A.2.1 泡沫轻质水泥土的试配强度满足：

$$q_{u7d} \geqslant 0.5 q_c \quad \text{或} \quad q_{u28d} \geqslant q_c \quad \cdots\cdots (A.1)$$

式中：

q_c——设计抗压强度，MPa；

q_{u7d}、q_{u28d}——7 d 和 28 d 龄期抗压强度，MPa。

A.2.2 不掺可塑剂时，泡沫水泥轻质土的流值为 160 mm～190 mm。当需要流值低于 160 mm 时，可通过掺可塑剂，由试验确定流值。

A.2.3 粉煤灰掺量 a 不应大于 30%。

A.3 试验前泡沫轻质土的配比计算

A.3.1 单位体积中填充浆液中各材料质量：

$$n_c = \frac{1}{\left[\dfrac{1}{b(1-a)} + \dfrac{1}{\rho_c} + \dfrac{a}{(1-a)} \cdot \dfrac{1}{\rho_f}\right]} \quad \cdots\cdots (A.2)$$

$$n_f = \frac{a}{1-a} \cdot n_c \quad \cdots\cdots (A.3)$$

$$n_w = \frac{1}{(1-a)b} \cdot n_c \quad \cdots\cdots (A.4)$$

$$n_t = n_c + n_f + n_w \quad \cdots\cdots (A.5)$$

式中：

n_c、n_f、n_w、n_t——单位体积的填充浆液中，水泥、粉煤灰、水及填充浆液的质量，t/m³；

ρ_c、ρ_f——水泥、粉煤灰的质量密度，t/m³；

a——粉煤灰掺量；

b——水固比，初始值取 1:(1.3～1.6)。

A.3.2 单位体积泡沫水泥轻质土中的材料质量：

$$\lambda = \frac{n_t - m_t}{n_t - \rho_a} \quad \cdots\cdots\cdots\cdots\cdots\cdots\cdots\cdots\cdots\cdots\cdots\cdots\cdots\cdots (A.6)$$

$$m_w = (1-\lambda)n_w \quad \cdots\cdots\cdots\cdots\cdots\cdots\cdots\cdots\cdots\cdots\cdots\cdots\cdots\cdots (A.7)$$

$$m_c = (1-\lambda)n_c \quad \cdots\cdots\cdots\cdots\cdots\cdots\cdots\cdots\cdots\cdots\cdots\cdots\cdots\cdots (A.8)$$

$$m_f = (1-\lambda)n_f \quad \cdots\cdots\cdots\cdots\cdots\cdots\cdots\cdots\cdots\cdots\cdots\cdots\cdots\cdots (A.9)$$

式中：

λ ——水泥轻质土气泡率；

ρ_a ——泡沫质量密度，t/m^3；

m_t ——泡沫水泥轻质土湿质量密度设计值，t/m^3；

m_c、m_f、m_w ——单位体积的泡沫水泥轻质土中，水泥、粉煤灰、水的质量，t/m^3。

A.4 配比实验步骤

A.4.1 根据设计参数，计算出初始试样配比，并制作试样。

A.4.2 测定泡沫水泥轻质土的流值。如果流值不满足设计要求，按 0.05 的差值调整水固比参数 b，重新制样测试流值，直至满足设计要求。

A.4.3 对符合流值要求的泡沫水泥轻质土进行标准沉陷距试验。如果标准沉陷距大于 5 mm，应选择新的水泥或粉煤灰品牌重新试配。

A.4.4 对已满足流值和沉陷距的泡沫水泥轻质土试样，进行 7 d 龄期的抗压强度试验。如果抗压强度不能满足设计要求，通过调整水固比或增加质量密度的设计值，然后重新从开始进行试验。

附 录 B
（资料性附录）
岩溶塌陷监测表

表 B.1 岩溶塌陷监测项目一览表

监测对象	监测内容	勘查设计阶段	施工阶段	竣工后
塌陷监测	地表位移	●	●	⊕
	塌陷坑和裂缝	○	○	⊕
治理工程监测	位移	⊕	●	●
地下水监测	水位	●	●	●
	压力	○	○	○

注：●为应测项目，○为选测项目，⊕为不作项目。

附 录 C
（资料性附录）
岩溶塌陷监测墩设计图

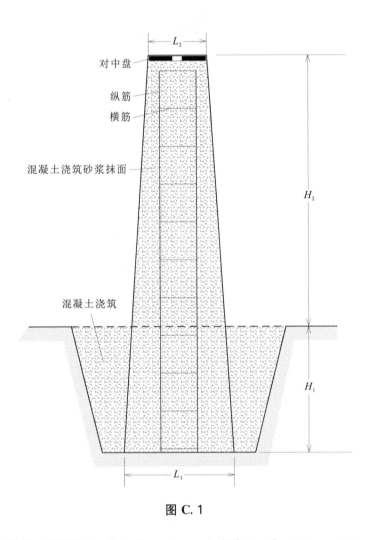

图 C.1

C.1 监测墩为方台结构，下底宽 L_1 为 0.5 m～1 m，上底宽 L_2 为 0.3 m～0.5 m。

C.2 墩身支模浇筑 C20～C30 混凝土，M0.75～M10 抹面，内加纵筋和横筋，直径分别为 16 mm～20 mm 和 6 mm～8 mm，上底面安装对中盘。

C.3 监测墩地面高度 1.3 m～1.5 m，以适应观测人员身高和方便工作为原则。

C.4 监测墩埋置深度根据冻土线确定，一般位于冻土线以下 0.5 m～0.8 m（地表直接为基岩的也按此标准考虑埋置深度），浇筑 C20～C30 混凝土。